DESCRIPTION

DES

APPAREILS DE CHAUFFAGE

A EMPLOYER

POUR ÉLEVER CONVENABLEMENT LA TEMPÉRATURE

DU COURANT VENTILATEUR

DANS LES MAGNANERIES SALUBRES;

Suivie de quelques renseignements sur l'emploi du tarare et sur l'étouffement des cocons;

PAR M. D'ARCET,

MEMBRE DE L'ACADÉMIE DES SCIENCES, DE LA SOCIÉTÉ CENTRALE D'AGRICULTURE ET DU CONSEIL GÉNÉRAL DES MANUFACTURES.

PARIS.

CARILIAN-GOEURY ET Vve DALMONT,

LIBRAIRES DES CORPS ROYAUX DES PONTS ET CHAUSSÉES ET DES MINES,

QUAI DES AUGUSTINS, 39 ET 41.

1841.

DESCRIPTION

DES

APPAREILS DE CHAUFFAGE

A EMPLOYER

DANS LES MAGNANERIES SALUBRES.

AVIS.

La Société d'encouragement pour l'industrie nationale, voulant être utile aux personnes qui s'occupent de l'éducation des vers à soie, a successivement fait publier trois éditions de mes mémoires sur l'assainissement des magnaneries, et a décidé que cette collection, quoique augmentée de divers autres documents relatifs à la production de la soie et renfermant six grandes planches gravées, ne serait vendue qu'au prix de 3 fr. Cette brochure, de format in-4° et de 90 pages d'impression, se trouve à la librairie de Mad. Huzard, rue de l'Éperon, n° 7.

Les personnes qui auraient à construire des magnaneries salubres, ou seulement à en faire faire les plans, pourraient s'adresser, avec toute confiance, à M. Lemoine, architecte, demeurant rue du Four-Saint-Germain, n° 68. M. Lemoine, qui a gravé les planches jointes à mon mémoire sur le chauffage des magnaneries salubres, a bien étudié la question et a déjà eu plusieurs fois à fournir les plans de pareilles constructions.

D'ARCET.

DESCRIPTION

DES

APPAREILS DE CHAUFFAGE

A EMPLOYER

POUR ÉLEVER CONVENABLEMENT LA TEMPÉRATURE

DU COURANT VENTILATEUR

DANS LES MAGNANERIES SALUBRES;

Suivie de quelques renseignements sur l'emploi du tarare et sur l'étouffement des cocons;

PAR M. D'ARCET,

MEMBRE DE L'ACADÉMIE DES SCIENCES, DE LA SOCIÉTÉ CENTRALE D'AGRICULTURE ET DU CONSEIL GÉNÉRAL DES MANUFACTURES.

PARIS.

CARILIAN-GOEURY ET Vᵛᵉ DALMONT,

LIBRAIRES DES CORPS ROYAUX DES PONTS ET CHAUSSÉES ET DES MINES,

QUAI DES AUGUSTINS, 39 ET 41.

1841.

DESCRIPTION

DES

APPAREILS DE CHAUFFAGE

A EMPLOYER

POUR ÉLEVER CONVENABLEMENT LA TEMPÉRATURE

DU COURANT VENTILATEUR

DANS LES MAGNANERIES SALUBRES.

Les nombreuses questions qui m'ont été adressées depuis la publication de mon premier Mémoire sur la construction des magnaneries salubres, relativement au moyen d'y échauffer convenablement le courant d'air, m'ont prouvé que, presque partout, il était resté quelque chose à désirer à ce sujet, et qu'en se servant de calorifères ou de poêles à courant d'air, tels qu'on les construit ordinairement, on opérait dans des circonstances défavorables; il m'a donc paru utile de revenir sur cette partie de la question et de la traiter dans une publication spéciale. Je désire que la note suivante satisfasse aux vœux et aux besoins des constructeurs de magnaneries salubres.

J'ai dit, dans mon premier Mémoire, que pour bien ventiler une magnanerie, on devait, en cas de besoin, pouvoir y échauffer convenablement tout le volume d'air nécessaire, en lui faisant traverser l'appareil de chauffage, et que ce serait mal opérer que de chauffer peu d'air à une haute température pour le mélanger ensuite au restant du courant ventilateur non échauffé. Il est, en effet, évident qu'il y a économie de combustible à employer le calorifère à basse température, parce qu'alors la fumée en sort moins chaude, et aussi parce que la chambre à air, moins échauffée, perd moins de chaleur par le rayonnement de ses parois. L'on sait d'ailleurs qu'en échauffant trop l'air au contact de la fonte, de la tôle ou du cuivre, on court risque d'en altérer profondément la salubrité, ou au moins de lui communiquer une odeur fort désagréable et qui peut même devenir nuisible.

L'appareil de chauffage d'une magnanerie doit donc être établi de manière à y pouvoir élever facilement tout le courant ventilateur à la température nécessaire pour que, parvenu dans l'atelier, il y maintienne, en le traversant, le degré de chaleur auquel le magnanier veut que ses vers à soie soient exposés. Cette condition exclut évidemment l'emploi des appareils de chauffage ordinaires qui, contrairement aux principes, donnent toujours passage à des volumes d'air beaucoup inférieurs à ceux que l'on pourrait échauffer convenablement en brûlant la quantité de combustible consommée dans ces appareils. Je le répète, c'est beaucoup d'air peu échauffé et non pas peu d'air porté à une haute température qu'il faut au magnanier; il lui faut en outre un calorifère simple de construction et que tout maçon puisse établir et entretenir en bon état. Partant de ces principes, voici la description des appareils de chauffage que je conseille d'employer lors de la construction des magnaneries salubres.

Appareil de chauffage pour les magnaneries salubres de grandes dimensions.

Fig. 1re.—Coupe horizontale de l'appareil à 1 décimètre au-dessus du sol, ou selon la ligne A, B de la figure 5.

a — Cendrier du fourneau.

b — Murs de clôture de la chambre à air.

c — Massif du calorifère.

Fig. 2. — Coupe horizontale de l'appareil à 2 décimètres au-dessus de la grille du fourneau, ou selon la ligne C, D de la figure 5.

d — Plaque de fonte sur laquelle posent les barreaux de la grille, à leur extrémité antérieure.

e — Sommier supportant les barreaux vers leur autre extrémité.

f — Barreaux mobiles formant la grille du fourneau.

g — Plan du carneau donnant passage à la fumée produite et à l'air brûlé dans le foyer.

h — Murs latéraux du carneau *g*.

Fig. 3. — Coupe horizontale selon la ligne E, F de la figure 5.

Les lettres *b* et *h'* indiquent ici les mêmes objets que dans les figures 1 et 2.

i, *i* — Grande plaque de fonte couvrant le foyer et formant le dessus du carneau *g*, par lequel la fumée passe du foyer dans le tuyau de tôle *o*. Cette plaque est scellée dans la maçonnerie en *k*, mais elle peut se dilater et se contracter librement dans le sens de sa largeur et sur sa longueur par son extrémité *l*, car, à l'exception du mur antérieur *b*, où elle est scellée en *k*, elle repose partout ailleurs sur des surfaces planes saupoudrées de sable et sur lesquelles la grande plaque de fonte peut glisser sans difficulté en se dilatant ou en se contractant.

On voit en *m* l'embase en tôle au moyen de laquelle le tuyau *o* est exactement réuni à la plaque *i* pour empêcher la fumée du carneau *g* de pénétrer au-dessus de cette plaque.

Fig. 4. — Plan du calorifère complet.

Les mêmes lettres représentent encore ici les mêmes objets que dans les figures 1, 2 et 3.

On voit en *n* la grande plaque de fonte qui, posée sur les murs latéraux *h'*, *h'*, et à 71 centimètres au-dessus de la plaque de fonte *i*, forme le passage par lequel le courant ventilateur doit pénétrer en *y*, dans la chambre à air, et de là dans la magnanerie, et où tout ce volume d'air doit être élevé à la température convenable.

La plaque de fonte *n* est scellée dans la maçonnerie en *q*; mais, posant partout ailleurs sur le dessus des murs latéraux *h'*, *h'*, recouverts d'une légère couche de sable, elle peut se dilater et se contracter librement dans le sens de sa longueur et de sa largeur, sans courir risque de se voiler ou de se casser.

On voit en *o* la coupe du tuyau de tôle servant de cheminée au fourneau, et en *p* le plan d'un ajutage en tôle qui sert à fermer exactement l'ouverture par laquelle passe le tuyau *o* pour aller se joindre et se fixer à la plaque de fonte *i*. La description de la figure 5 fera bien comprendre les dispositions dont il s'agit.

Fig. 5. — Coupe verticale selon la ligne I, J des figures 1, 2, 3 et 4.

a — Coupe verticale du cendrier du fourneau.

b, *b* — Murs de clôture de la chambre à air.

c — Massif du calorifère.

d — Petite plaque de fonte sur laquelle posent les barreaux de la grille à leur partie antérieure.

e — Sommier soutenant les barreaux à leur autre extrémité.

f — Barreaux de la grille; on voit qu'ils dépassent, sur le devant, le mur du fourneau, et qu'ils peuvent s'enlever facilement pour nettoyer la grille; n'étant d'ailleurs fixés d'aucun côté, ils peuvent se dilater et se contracter sans se déformer, ce qui leur assure une longue durée.

g — Carneau par lequel les produits de la combustion passent du foyer *z* dans le tuyau *o* servant de cheminée. La plaque de fonte *i*, qui couvre ce carneau, est ainsi échauffée dans toute sa longueur, proportionnellement à la quantité de combustible brûlé dans le foyer *z*. La fumée, après avoir parcouru le carneau *g*, passe dans le tuyau *o*, et de là se rend dans la grande cheminée de la magnanerie où elle va faire *appel* en y échauffant l'air et y déterminant un courant ascensionnel.

h et *h'* — Vue de la face intérieure de l'un des deux murs latéraux du calorifère.

i — Grande plaque de fonte couvrant le carneau *g*.

On voit encore ici comment cette plaque de fonte est scellée en *k* dans le mur du devant du fourneau, et comment sa dilatation est libre à son autre extrémité *l*. On y voit aussi comment le tuyau de tôle *o* est posé et fixé en *m* sur la plaque de fonte *i*.

La plaque de fonte *n* couvre l'espace *R*, et forme ainsi le grand conduit où doit s'échauffer tout le volume nécessaire pour bien ventiler la magnanerie.

Cette plaque de fonte *n* est scellée en *q* dans le mur postérieur de la chambre à air, et se termine en *r* à son autre extrémité où elle laisse libre l'ouverture *y* par laquelle le courant ventilateur, échauffé dans le carneau *R*, pénètre dans la chambre à air et de là dans la magnanerie.

On voit en *p* la coupe de l'ajutage mobile qui sert à clore exactement l'espace libre compris entre le tuyau *o* et le bord du trou rond percé dans la plaque de fonte *n* pour le passage de ce tuyau et de son collet *m*.

x — Entrée du courant ventilateur dans le calorifère.

y — Ouverture par laquelle le courant ventilateur, échauffé dans le carneau *R*, entre dans la chambre à air : on voit cette ouverture en plan, en *y*, fig. 4.

Fig. 6. — Coupe transversale du calorifère, selon la ligne G, H des figures 1, 2, 3, 4 et 5.

Cette coupe est vue du devant du fourneau.

Fig. 7. — Vue en perspective de l'ajutage en tôle qui sert à boucher l'espace libre qu'on est obligé de réserver autour du tuyau *o*, dans la plaque *n*, pour pouvoir y faire passer l'embase *m* de ce tuyau lors de sa pose.

Fig. 8 et 9.—Ces figures ne diffèrent des figures 4 et 5 que sous deux rapports : ici le courant ventilateur, au lieu d'entrer dans le calorifère par sa partie postérieure, comme cela est en *x*, figure 5, y arrive en avant du calorifère et par l'ouverture qui se voit en *x'* au-dessus de la porte du foyer : dans ce cas, l'air échauffé dans le carneau *R* pénètre dans la chambre à air par l'ouverture *y'* en passant tout autour du tuyau *o*. J'ai cru utile d'indiquer cette disposition inverse de la première parce que, suivant les localités, il pourra convenir de prendre le courant ventilateur, tantôt en avant du calorifère et tantôt du côté de sa partie postérieure opposée au foyer ; le magnanier aura à choisir celle de ces deux dispositions qui lui conviendra le mieux, et trouvera ainsi dans les figures 4, 5, 8 et 9 un guide sûr pour se diriger dans la construction de son calorifère.

On a indiqué en *s*, *s*, figures 8 et 9, le moyen à employer pour remplacer, sans inconvénient, les grandes plaques de fonte *i* et *n* des figures 4 et 5, par des plaques plus petites et telles qu'elles se trouvent ordinairement dans le commerce. Les bandes de tôle doublement ployées, et dont on distingue la forme en *s* dans la coupe fig. 9, sont posées dans toute la largeur des carneaux *g* et *R*, entre chaque paire de plaques que l'on veut réunir; ces bandes de tôle, agissant comme des ressorts, permettent aux plaques de fonte de se dilater et de se contracter sans qu'il y ait entre elles solution de continuité, ce qui remplit complétement le but. J'ajouterai d'ailleurs ici que l'on pourrait encore se servir par économie de vieilles feuilles en tôle provenant de démolition de chaudières, en remplacement des plaques de fonte grandes ou petites dont il a été parlé plus haut, et qu'il suffirait, dans ce cas, que ces feuilles de tôle fussent planes et assez solides pour bien convenir à cet emploi.

Les lettres pareilles indiquant les mêmes objets dans toutes les figures des quatre premières planches, il serait tout à fait inutile d'insister davantage sur ce qui a rapport aux figures 6, 7, 8 et 9 dont il vient d'être question.

Fig. 10. — Vue de face du calorifère, tel qu'il est représenté aux figures 8 et 9 : on y voit, au-dessus de la porte du foyer, les deux volets en tôle qui servent à fermer en tout ou en partie l'ouverture *x'* par laquelle le courant d'air doit entrer dans ce calorifère (1) : il est inutile de dire que cette élévation ne ferait voir que l'ouverture du cendrier et la porte du foyer si elle avait été dessinée d'après les figures 4 et 5 représentant le calorifère recevant le courant ventilateur en x, à sa partie postérieure opposée au foyer.

Appareil de chauffage pour les magnaneries salubres de moyennes et de petites dimensions.

L'appareil de chauffage qui vient d'être décrit suffirait pour le service d'une magnanerie dans laquelle on aurait à élever, à la fois, 400,000 vers, produit de *dix onces* de graine (2); en en plaçant deux semblables dans la chambre à air d'une magnanerie dou-

(1) Au lieu de garnir la prise d'air x' d'une porte en tôle à deux ventaux, comme l'indique la gravure, il sera mieux de pouvoir clore cette ouverture, en allant de haut en bas, comme cela est aux cheminées à la Désarnod et aux cheminées prussiennes, ou bien de faire usage d'une feuille de tôle que l'on pourrait suspendre à différentes hauteurs devant l'ouverture x' ; on aurait ainsi l'avantage de mettre la tranche d'air, quelle que fût son épaisseur, en contact plus immédiat avec les parties du carneau *B* qui seraient le plus fortement chauffées.

(2) Ce calorifère, qui a, comme l'indique l'échelle des gravures, 3 mètres de long sur 71 centimètres de large, présente 3 mètres carrés 80 c. de surface chauffante, en comprenant le développement de son tuyau, ce qui suffit pour échauffer convenablement le volume d'air nécessaire, sans être obligé de faire trop grand feu dans le foyer de l'appareil.

ble, on satisferait bien à son chauffage, et si l'on avait à opérer dans une magnanerie ayant de plus grandes dimensions ou devant recevoir les vers à soie de plus de *vingt onces* de graine, on n'aurait qu'à augmenter proportionnellement la puissance des deux calorifères : quant aux moyennes et aux petites magnaneries, on pourra, ou y employer un calorifère établi sur les plans ci-dessus donnés, en en diminuant convenablement les dimensions, surtout dans le sens de la largeur, ou bien faire usage de simples poêles en fonte : dans ce dernier cas, je conseillerais d'adopter une disposition d'appareil très-simple, indiquée par Perkins, et qui me paraît bien conduire au but : en voici la description.

Cet arrangement consiste à introduire le courant ventilateur dans la chambre à air par un tuyau de tôle ayant une ouverture suffisante et venant projeter l'air contre la paroi du poêle en fonte : une plaque de tôle, rivée à l'extrémité de ce tuyau, enveloppant verticalement le poêle sur les deux tiers de sa circonférence et n'en étant partout éloignée que de quelques centimètres, oblige le courant d'air à toucher la surface extérieure du poêle sur un grand développement, ce qui favorise beaucoup l'échauffement du courant ventilateur. Cette disposition d'appareil est si simple et sera si facilement comprise en jetant les yeux sur les figures 11, 12 et 13, qu'il me paraît inutile d'entrer dans de longs détails au sujet de la description de ces figures; il me suffira de dire que l'air entrant en *d*, figures 12 et 13, est répandu sur une grande partie de la surface du poêle *a* au moyen de la feuille de tôle *b*, et que ce poêle sert, en outre.

à l'échauffement de cet air par la partie de sa surface qui n'est pas entourée par la feuille de tôle *b*, et surtout par son tuyau *f* auquel on doit donner la plus grande longueur possible : quant au service de ce poêle, il sera bon de pouvoir le faire du dehors de la chambre à air; il en sera de même pour le remplissage du vase *e*, où il faudrait pouvoir verser de l'eau du dehors, si l'on voulait ajouter de la vapeur d'eau dans le courant ventilateur.

Je terminerai ce mémoire en faisant remarquer qu'en établissant, pour le chauffage d'une magnanerie salubre, des appareils d'une puissance au moins assez énergique, on réunit les avantages suivants : économie de combustible; régularisation facile de l'échauffement du courant ventilateur; longue durée des calorifères et éloignement du danger d'incendie. Ces considérations convaincront sans doute les constructeurs de magnaneries de l'importance qu'il y a à bien étudier cette partie de leurs travaux, et les décideront facilement à ne jamais faire usage d'appareils trop faibles dont il faudrait porter les surfaces chauffantes, en fonte ou en tôle, à la température rouge, pour donner le degré d'échauffement nécessaire au courant ventilateur.

Les renseignements qui suivent ne pouvant pas faire le sujet d'une publication spéciale, je profite de l'occasion qui se présente, et je prends le parti de les faire imprimer à la suite du mémoire qu'on vient de lire, afin d'en donner promptement connaissance aux magnaniers pour qui ils peuvent avoir quelque intérêt.

DE L'ÉTOUFFEMENT DES COCONS.

J'ai dit, dans mes mémoires sur l'établissement des magnaneries salubres, qu'il était à désirer que l'on essayât d'étouffer les chrysalides dans leurs cocons, en se servant de l'appareil à sécher les feuilles de mûrier cueillies étant humides : appareil dont j'ai donné la description, avec figures, page 21 de ma troisième édition ; j'ajouterai ici quelques détails à ce que j'ai dit en proposant l'emploi de ce moyen d'étouffement.

Je pense que l'on parviendrait bien au but en plaçant les cocons sur le grillage de la longue boîte en bois; en fermant exactement le couvercle de cette boîte; en allumant du soufre dans un vase en terre fortement échauffé d'avance, puis placé en tête de l'appareil, dans le conduit par lequel le courant d'air pénètre dans le calorifère, et en mettant le tarare en mouvement jusqu'à ce que les chrysalides des cocons pris au bas du tuyau, à la sortie de l'appareil, soient tout à fait mortes. Je crois qu'en opérant ainsi on étoufferait très-promptement les chrysalides sans trop dessécher les cocons. J'ajouterai que si l'on craignait l'action ultérieure de l'acide sulfureux dont les cocons seraient pénétrés et qui pourrait, à la longue, nuire à la qualité de la soie, on remédierait facilement à cet inconvénient en faisant succéder au dégagement de l'acide sulfureux une fumigation ammoniacale qui se ferait en remplaçant le vase contenant le soufre allumé par un autre vase rempli d'ammoniaque liquide ou de tout mélange laissant dégager du gaz ammoniac; en opérant ainsi, l'ammoniaque, poussée dans la boite par l'action du tarare, saturerait promptement l'acide sulfureux resté dans les cocons; on enlèverait le vase rempli d'ammoniaque dès qu'on ne sentirait plus l'acide sulfureux à la sortie de l'appareil; on continuerait, pendant quelques minutes, le jeu du tarare pour faire passer beaucoup d'air frais autour des cocons, et l'opération serait terminée. Les cocons, ainsi étouffés, contiendraient certainement plus ou moins de sulfite d'ammoniaque; mais je pense que ce sel ne pourrait pas nuire à la qualité de la soie, et qu'il est, au contraire, probable qu'il en améliorerait la couleur, qu'il éloignerait les insectes et les souris, et qu'il faciliterait enfin le dévidage des cocons. Il me semble que ces considérations doivent facilement décider les magnaniers à tenter et à bien étudier ce nouveau procédé d'étouffement.

De l'application du tarare à l'assainissement des magnaneries.

Lorsque j'ai proposé l'emploi du tarare pour établir la ventilation forcée dans les magnaneries, j'ai pris ce parti parce que, tout bien examiné, cet ustensile m'a paru la machine aspirante la mieux appropriée, sous tous les rapports, à l'effet qu'il s'agissait de produire. J'ai donné les dimensions du tarare qui me paraissait convenir pour la magnanerie de Villemonble, construite dans les environs de Paris; mais je me suis bien gardé de présenter ce tarare comme un type dont il ne fallait pas s'écarter; c'est un principe que j'ai posé et non une règle invariable que j'ai donnée à suivre. Il doit donc être bien entendu que la puissance du tarare doit toujours être en rapport convenable avec les dimensions de la magnanerie et avec les difficultés atmosphériques de la localité; bien des mécomptes ont été éprouvés pour ne pas avoir eu égard à ces conditions de succès, et par suite de ces fautes on a même proposé de remplacer le tarare par d'autres machines soufflantes ou aspirantes. Je ne suis pas de cet avis, et je pense, à ce sujet, qu'il ne reste qu'à demander à la pratique de chercher quel est le tarare qui, construit économiquement, solide et facile à réparer, pourra mettre en mouvement, dans un temps donné, le plus grand volume d'air possible, sans exiger l'emploi d'une trop grande force motrice. Au reste, je ne puis mieux faire que de m'en référer à ce que j'ai publié au sujet de ce qui précède, page 64 de ma troisième édition, et aux considérations générales que j'ai ajoutées au rapport fait par M. Henri Bourdon en 1838 : je crois être utile aux magnaniers en insistant pour qu'ils veuillent bien lire et étudier ces documents avec beaucoup d'attention ; ils y trouveront, j'espère, tout ce qu'ils peuvent avoir encore à désirer.

FIN.

PARIS. — IMPRIMERIE DE FAIN ET THUNOT,
IMPRIMEURS DE L'UNIVERSITÉ ROYALE DE FRANCE,
Rue Racine, 28, près de l'Odéon.

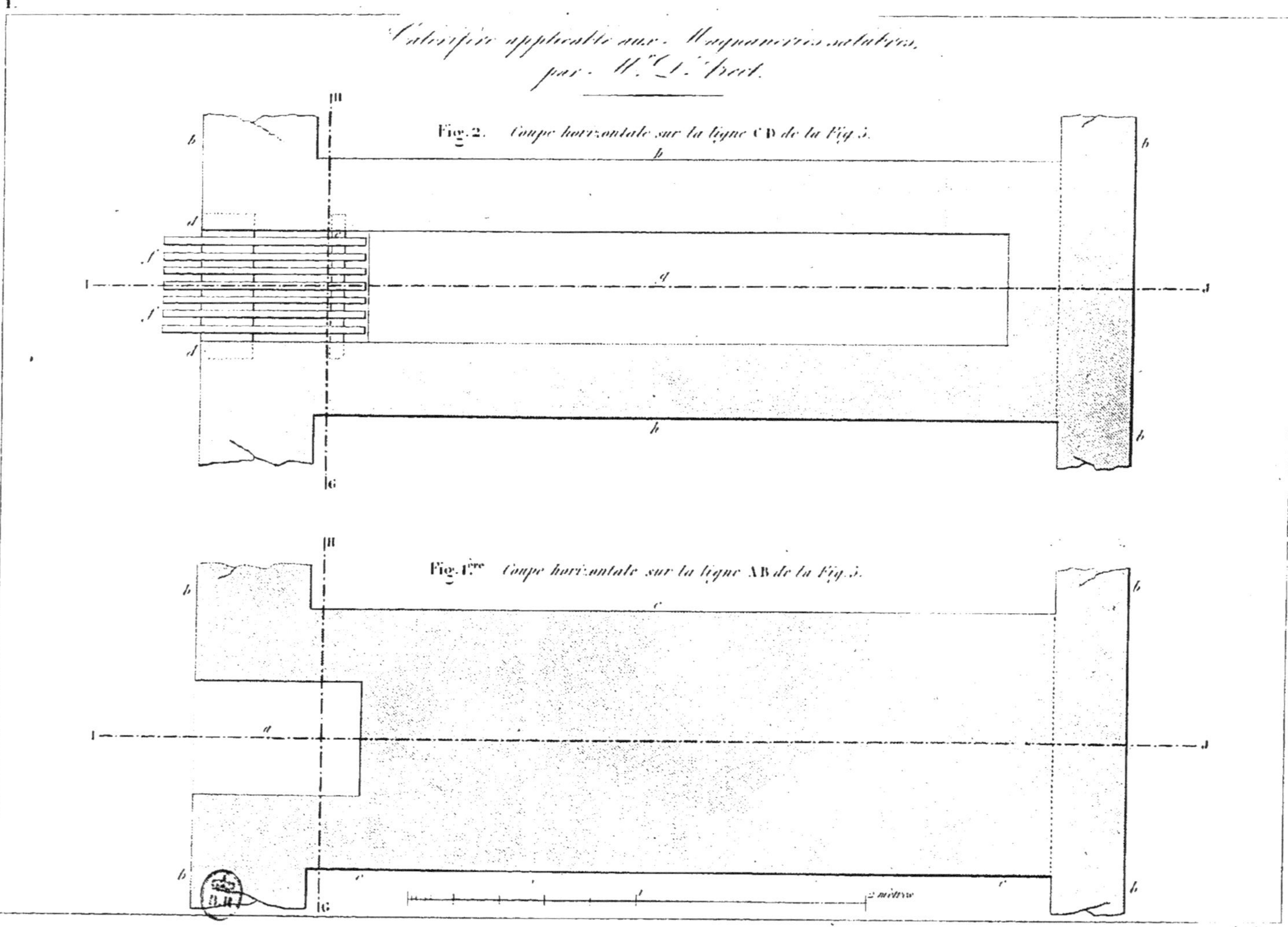
1.
Calorifère applicable aux Magnaneries salubres,
par M. D'Arcet.
Fig. 2. Coupe horizontale sur la ligne CD de la Fig. 5.
Fig. 1ère Coupe horizontale sur la ligne AB de la Fig. 5.
2 mètres

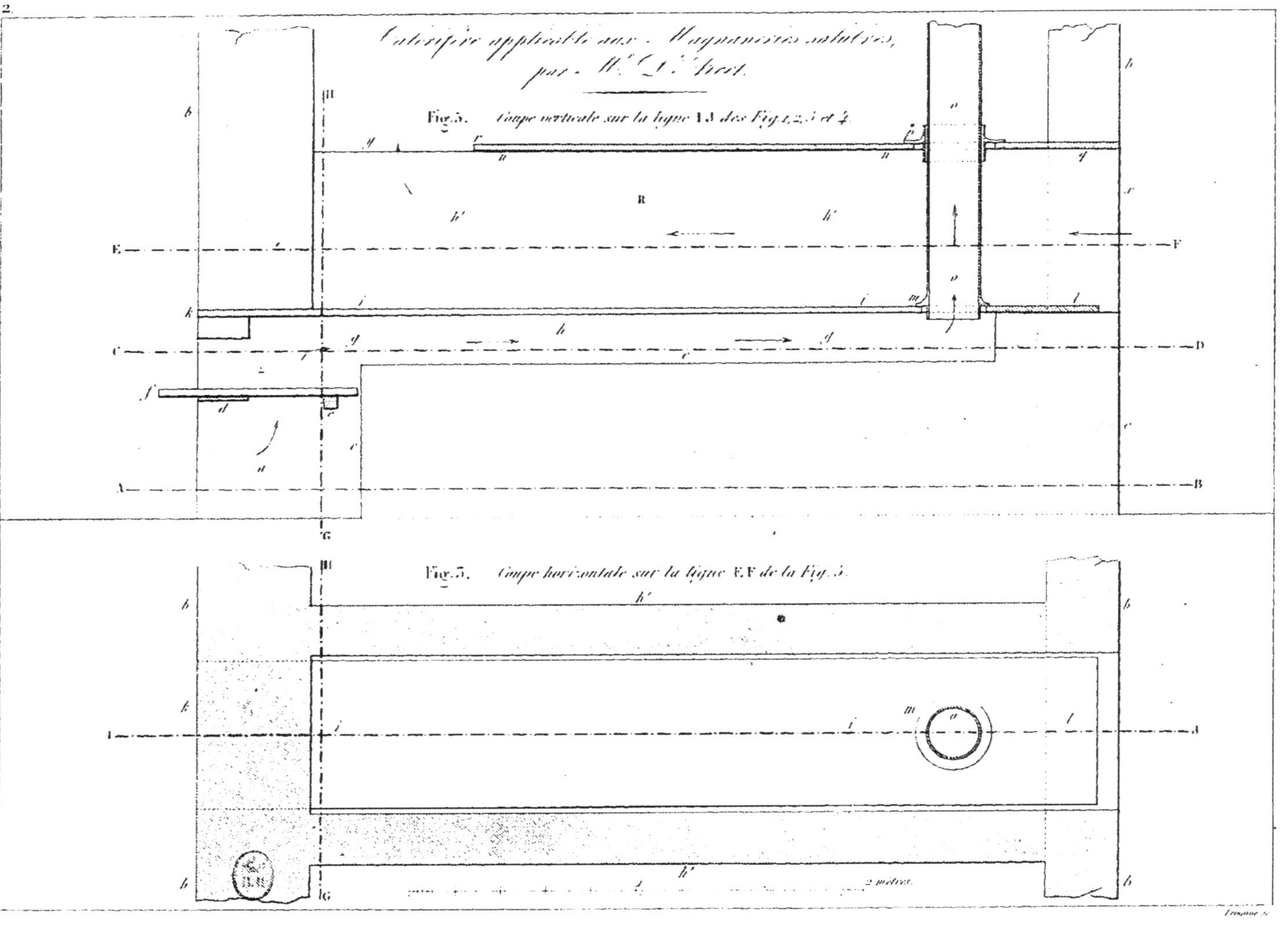
Calorifère applicable aux Magnaneries salubres,
par M.r D'Arcet.
Fig. 5. Coupe verticale sur la ligne I J des Fig. 1, 2, 3 et 4.
Fig. 5. Coupe horizontale sur la ligne E F de la Fig. 5.
2 mètres.

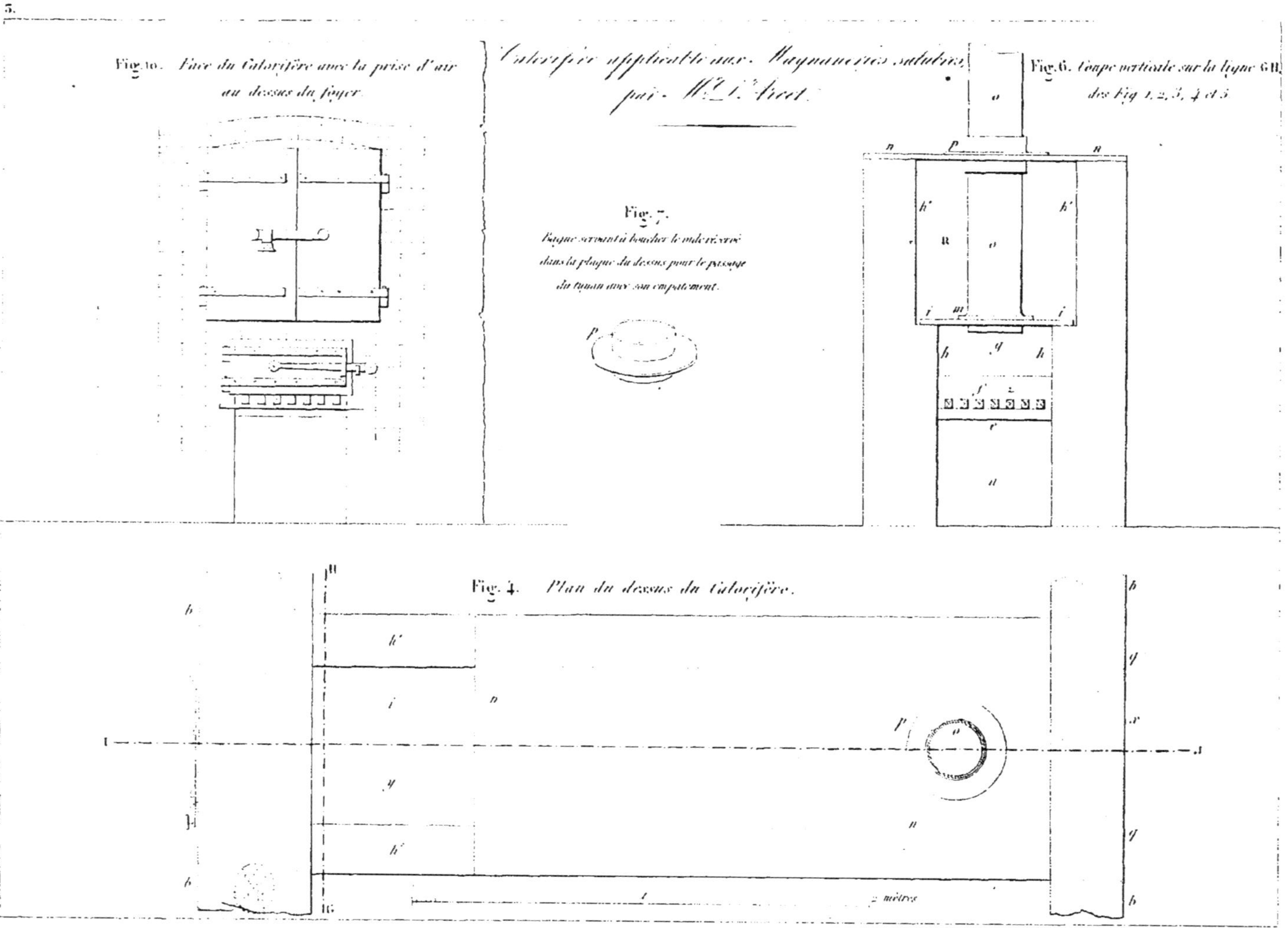
5.
Calorifère applicable aux Magnaneries salubres par M.r D'Arcet.
Fig. 10. Face du Calorifère avec la prise d'air au dessus du foyer.
Fig. 7.
Bague servant à boucher le vide réservé dans la plaque du dessus pour le passage du tuyau avec son empatement.
Fig. 6. Coupe verticale sur la ligne GH des Fig. 1, 2, 3, 4 et 5.
Fig. 4. Plan du dessus du Calorifère.
2 mètres
Lemaitre sc.

4.

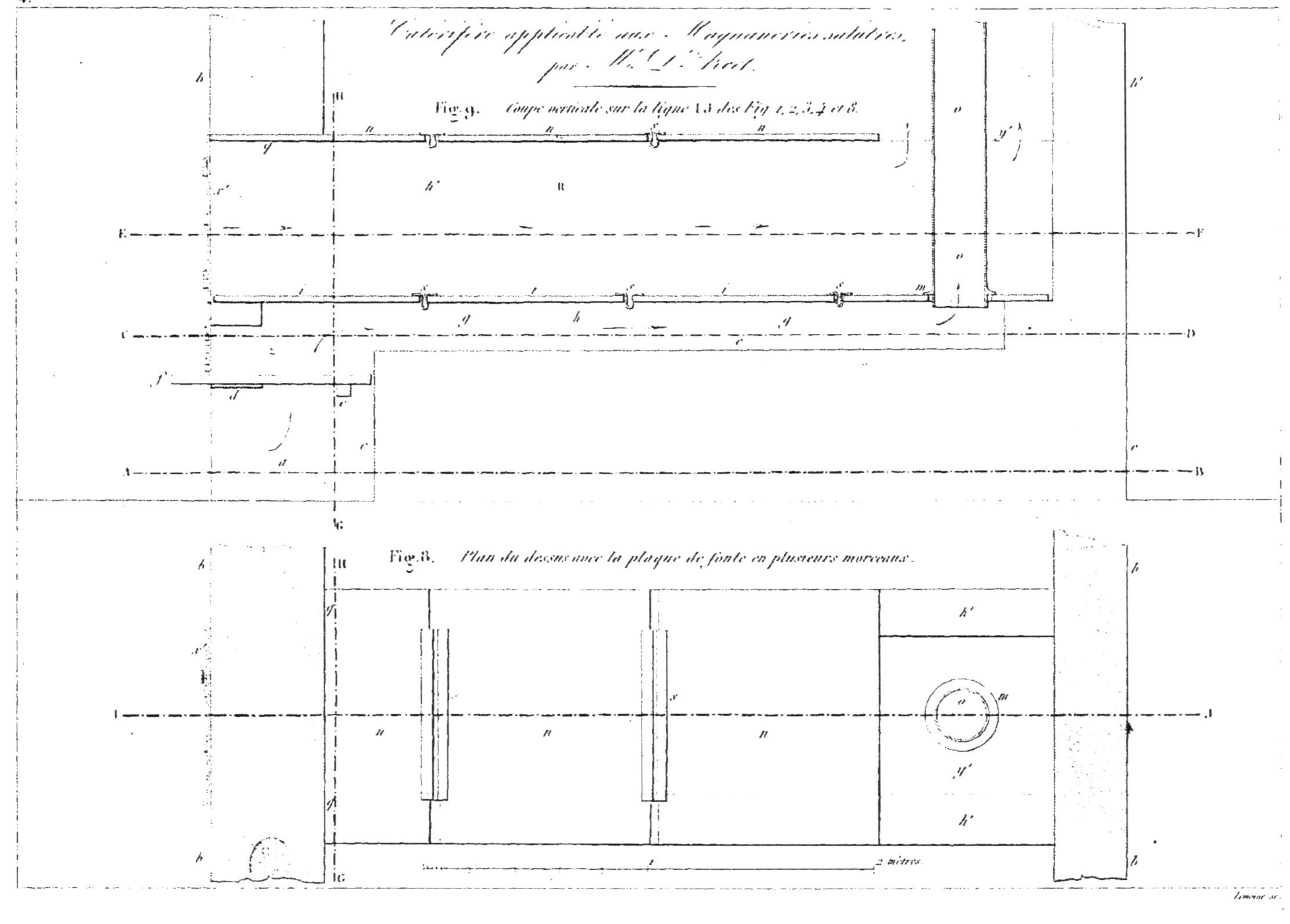

Fig. 9. Coupe verticale sur la ligne IJ des Fig. 1, 2, 3, 4 et 8.

Fig. 8. Plan du dessus avec la plaque de fonte en plusieurs morceaux.

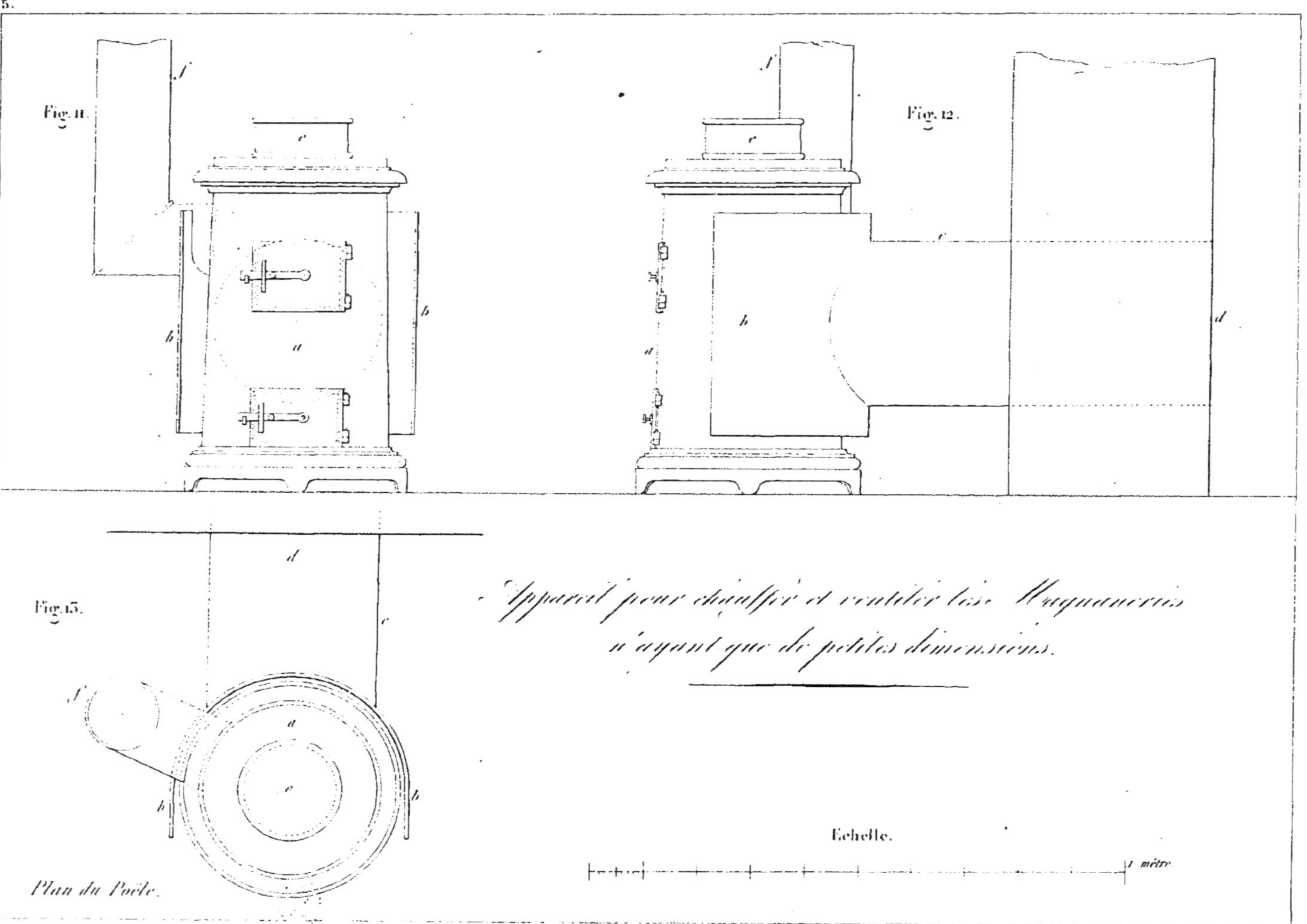

Appareil pour chauffer et ventiler les Magnaneries n'ayant que de petites dimensions.

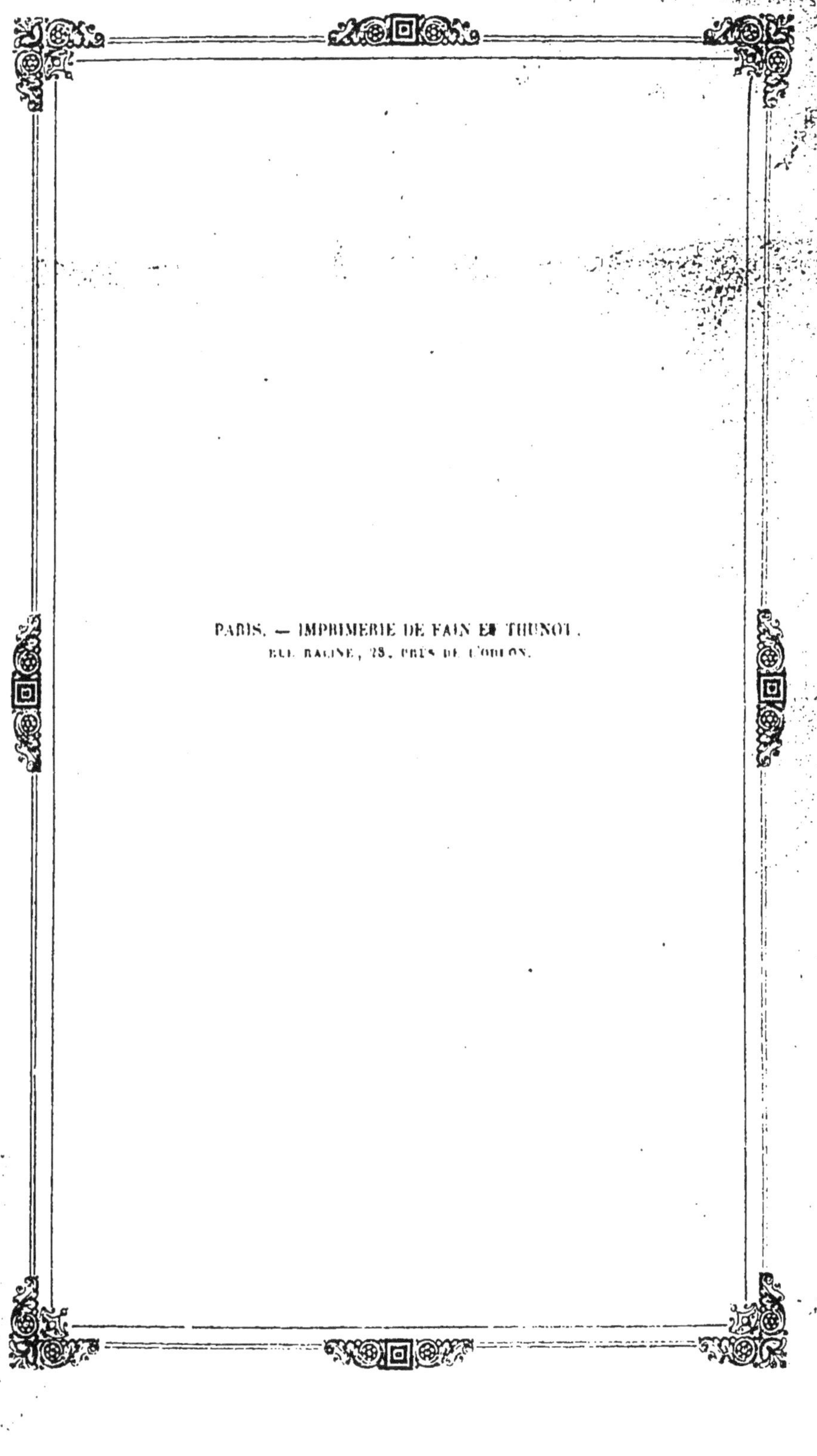

PARIS. — IMPRIMERIE DE FAIN ET THUNOT,
RUE RACINE, 28, PRÈS DE L'ODÉON.

www.ingramcontent.com/pod-product-compliance
Ingram Content Group UK Ltd.
Pitfield, Milton Keynes, MK11 3LW, UK
UKHW022207190726
13855UKWH00004B/1650

9 782013 478137